从轮子到火箭的

发明

10 大交通发明

嘉兴小牛顿文化传播有限公司　编著

四川大学出版社
SICHUAN UNIVERSITY PRESS

项目策划：唐　飞　王小碧
责任编辑：宋彦博
责任校对：卢丽洋
封面设计：呼和浩特市经纬方舟文化传播有限公司
责任印制：王　炜

图书在版编目（CIP）数据

从轮子到火箭的发明：10大交通发明 / 嘉兴小牛顿
文化传播有限公司编著．— 成都：四川大学出版社，
2021.4
　　ISBN 978-7-5690-4113-2

　　Ⅰ．①从… Ⅱ．①嘉… Ⅲ．①创造发明－世界－少儿
读物 Ⅳ．① N19-49

中国版本图书馆 CIP 数据核字（2021）第 001417 号

书名　从轮子到火箭的发明：10大交通发明
CONG LUNZI DAO HUOJIAN DE FAMING: 10 DA JIAOTONG FAMING

编　　著	嘉兴小牛顿文化传播有限公司
出　　版	四川大学出版社
地　　址	成都市一环路南一段 24 号（610065）
发　　行	四川大学出版社
书　　号	ISBN 978-7-5690-4113-2
印前制作	呼和浩特市经纬方舟文化传播有限公司
印　　刷	河北盛世彩捷印刷有限公司
成品尺寸	170mm×230mm
印　　张	5.5
字　　数	69 千字
版　　次	2021 年 5 月第 1 版
印　　次	2021 年 5 月第 1 次印刷
定　　价	29.00 元

◈ 读者邮购本书，请与本社发行科联系。
　电话：(028)85408408/(028)85401670/
　(028)86408023　邮政编码：610065
◈ 本社图书如有印装质量问题，请寄回出版社调换。
◈ 网址：http://press.scu.edu.cn

四川大学出版社
微信公众号

编者的话

在现今这个科技高速发展的时代，要是能够培养出众多的工程师、数学家等优质技术人才，即能提升国家的竞争力。因此STEAM教育应运兴起。STEAM教育强调科技、工程、艺术及数学跨领域的有机整合，希望能提升学生的核心素养——让学生有创客的创新精神，能综合应用跨学科知识，解决生活中的真实情境问题。

而科学家是怎么探究世界解决那些现实问题呢？他们从观察、提问、查找到实验、分析数据、提出解释等一连串的方法，获得科学论断。依据这种概念，"小牛顿"编写了这套《改变历史的大发明》——通过人类历史上80个解决问题的重大发明，以故事的方式引出问题及需求，引导孩子思索蕴藏其中的科学知识和培养探索精神。此外，我们也

这本书里有……

希望本书设计的小实验，能让孩子通过科学探究的步骤，体验科学家探讨事物的过程，以获取探索和创造能力。正如 STEAM 最初的精神，便是要培养孩子的创造力以及设计未来的能力。

📖 发明小故事

用故事的方式引出问题及需求，引导我们思索可能的解决方式。

科学大发明

以前科学家的这项重要发明，解决了类似的问题，也改变了世界。

⧗ 发展简史

每个发明在经过科学家们进一步的研究、改造之后，发展出更多的功能，让我们生活更为便利。

💡 科学充电站

每个发明的背后都有一些基本的科学原理，熟悉这些原理后，也许你也可以成为一个发明家！

✋ 动手做实验

每个科学家都是通过动手实践才能得到丰硕的成果。用一个小实验就能体验到简单的科学原理，你也一起动手做做看吧！

目　　录

要怎么搬运 受伤的同伴呢？

很久很久以前，人们还穿着用兽皮做成的衣服，拿着石矛打猎。猎人阿凯和两位朋友——小菲和大德，打算去远处打猎。虽然阿凯知道离家太远，危险性也会增加，但人少的地方才有猎物聚集。只要集多人之力，就有机会猎到更大的猎物，分到更多的肉，来喂饱自己的家人。

阿凯他们走了一上午，才找到猎物——一群正在吃草的羊。三人悄悄地靠近，迅速出击。小菲的矛击中一只羊，其他的全被吓跑了。阿

凯他们很得意，就算只逮
到一只也够分了，阿凯已经
在想象羊肉的美味了。正当三
人围着受伤的羊时，却突然跳
出一只猎豹，它想要夺走猎物，
捡现成的便宜。三个人不是这只猎

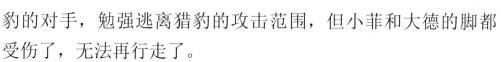

豹的对手，勉强逃离猎豹的攻击范围，但小菲和大德的脚都
受伤了，无法再行走了。

　　阿凯苦恼地看着受伤的同伴，别说猎物没着落了，一个
人要怎么把受伤的两人带回去呢？他无法同时扛走两个人。
要是让小菲和大德在原地，独自回去求援，路程遥远，只怕
天黑前也赶不回来，在这不安全的环境中，恐怕他们就会被
当成猎物了。

好重，拉不动呀！

要是有驴就好了。

阿凯想，驴能够驮很重的物品，平常要搬运重物时，人们都是靠它们，要是有驴就好了。可现在阿凯只有一块放猎物的木橇，让两人坐在木橇上，阿凯思索着该如何是好。以前当他们抓到猎物时，会把猎物放在上面，抬起木橇的一边拖着走。但这个方法不行，两个人太重了。阿凯又试着推着走，可使出全力，木橇还是一点也不动。

小菲和大德看到阿凯这么卖力，却还是动不了，就叫阿凯放弃，趁天色暗下来之前，赶快回家去！

阿凯不愿意放弃朋友，他绕着木橇着急地走来走去，一不小心脚下一滑，跌坐在地上。

怎么会突然滑倒了呢？阿凯看看脚下，原来是踩到了一堆碎石。阿凯把脚放在碎石上，轻轻地移动着……踩在碎石上好像比踩在土地上滑呢！阿凯忘了屁股的疼痛，出神地想着。要

是在木橇下放一些碎石，是不是比较容易推动呢？他马上就拾了一些碎石，铺撒在木橇下，再用力推木橇，却还是很难推动。

阿凯这时想起自己曾经听说，建造宫殿的人将很多木头放在石块下，再用绳子拖拉，搬运了大量的大石头。他想，自己也这样做一定会成功的，只是要准备不少木头，怕也不容易。阿凯想了又想，终于想出了一个好办法——从圆木上劈下一些短小的木头，两块短圆木之间再用一根长树枝穿过去。把组装好的圆木和树枝放在木橇下方，在后面推就能顺势让木头滚动了。

木橇能移动了，三人都可以脱离危险区域了，阿凯用力地推着，顺利地把小菲和大德带回了家。

科学大发明——轮子

阿凯使用的方法就像如今在车子下面安装轮胎，让车子可以快速、方便地移动。

轮子是人类历史上非常重要的发明，但不知道确切的发明时间，只能猜测大约是在新石器时代晚期和青铜器时代早期——因为有工具可以制造圆形的物体，轮子才得以发明出来。轮子的发展经过了漫长的时间，学者推断应该不是由一个人发明而成。据研究，在距今约6000年前，中亚及部分欧洲地区就在使用轮子，而现存最早的轮子是2002年发现的，距今已有约5200年的历史了。

古老的轮子是用圆木的一截做成的。

在古代，人们最早是把许多圆木放在重物下，边滚动圆木，边用绳子拖拉重物。后来将雪橇装载物品放在圆木上，雪橇将圆木磨出两条沟来，人们学着将中间的部分修整到只剩一根木头，就更方便推动了。

轮辐可以减轻轮子的重量，让车子跑得更快！

最原始的车轮还只是圆木块，后来为了制作方便，采用木板拼接的方式，将不同的木板交错着钉在一起，防止裂开。大约在公元前2000年左右，人们发明了有"辐"的车轮，这个结构轻便许多，不但速度变快，车身也变得轻巧灵活。后来演变成将圆形的轮子装在一根称为"轴"的木头上，让轮子能轻松转动（但轮轴不动），再把轮轴安装在车子下方。

轮子的出现使交通运输能力有了大的突破，它减少了重物和地面之间的摩擦力，使得运输货物不再困难，是历史上非常重要的发明之一。

距今约5200年前

现存最早的车轮在约5200年前的美索不达米亚出现，是用一大块圆木或木板制成的（古人也会用石头制作石轮，比较坚固但是笨重）。

公元前2350年

使用辐条的轮子直到约公元前2350年才在美索不达米亚出现。当时被使用在战车上，比一般马车速度快很多。

公元前1000年

在木轮外围包覆铁或是用铁制成轮子，可以让轮子更坚固。这种设计最早出现在公元前1000年的凯尔特战车上，在车轮周围引入了铁轮网。

1888年

约翰·邓洛普制作出橡胶充气轮胎，此后车辆也都逐渐用充气轮胎取代木轮。

科学充电站

为什么使用轮子，就可以推动重物呢？

我们推不动重的物体，是因为地面和这个物体之间产生了巨大的摩擦力。物体接触的平面越粗糙，摩擦力就越大；相反的，如果接触面越平滑，摩擦力就越小。

有摩擦力的存在并非坏事。我们走路时，鞋底表面的纹路可以增加摩擦力，防止滑倒。但是摩擦力太大时，会增加搬运工作的难度，我们可以利用一些方法来减少摩擦力。例如箱子太重推不动，如果在箱子底下装个轮子，或是在路面上洒一层油，搬动时不就轻松多了？因为圆形物体和地面的接触面比方形物体和地面的接触面要小得多，自然需要费的力也小；而路面洒油或是其他润滑剂可使接触面变得更平滑，使摩擦力减小，搬运时就更轻松了。

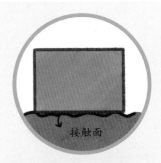

物体和地面的接触面越大，摩擦力就越大，移动物体越费力。

物体和地面的接触面越小，摩擦力就越小，移动物品越省力。

充气轮胎上的凹痕可以增加轮子的摩擦力，以防前进时打滑。

接触面越平滑，摩擦力就越小，移动物体越省力。

手推车

有轮子可以滚动，就可以更方便地搬运重物。我们做一个小小的手推车，用它来搬运东西吧！

材料

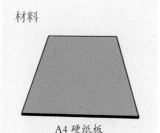

A4 硬纸板

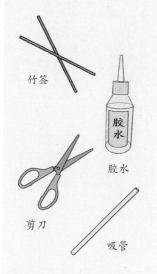

竹签

胶水

剪刀

吸管

步骤

1 先在硬纸板上如右图画出虚线和裁切线，剪好后，沿虚线折成步骤 2 的长方形盒子，并用胶水固定好。

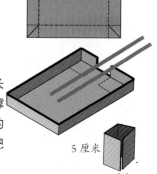

3 厘米
3 厘米
5 厘米

2 用硬纸板剪两条长 12 厘米、宽 5 厘米的长条，折成 2 个长方形柱体，当作手推车的支撑脚架，粘在长方形盒子底面的两边。然后用 2 根竹签当作把手，粘在手推车的后面。

5 厘米
3 厘米

3 在硬纸板上剪下 4 个半径 5 厘米和 4 个半径 2 厘米的圆形，把它们如左图粘贴成 2 个轮子。在轮子的中心挖一个小洞，好让竹签穿过，然后在 2 个轮子间套入一根吸管。最后用胶水把轮子固定好。

2 厘米
5 厘米

4 手推车前面剪开两个洞口，使轮子能刚好卡住。把吸管固定在手推车上。

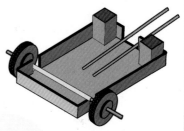

还可以替你的手推车涂上颜料再运载物品！

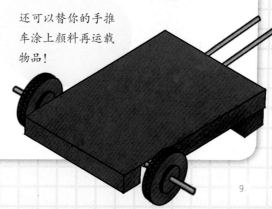

9

在海上要怎么找到回家的路呢？

沈颂是北宋时期的一位渔民，为了讨生活每天都要与同伴出海捕鱼。每次出海时，沈颂都会去南方的海域撒网捕鱼，返航时他会看着天空的太阳或星星来辨别方向，朝着北方航行返回家。

有一年，沈颂发现鱼群减少，每次出海几乎捕不到鱼。大家的收入减少，生活拮据。沈颂与同伴讨论了很久，认为必须远航寻找新的海域，才有机会捕得更多的鱼。大家做足准备，便出发朝向更远的海域。航行了好几天，他们来到从

未踏入过的海域，发现船的周围都是一条条肥大的鱼。沈颂从来没见过这种光景，兴奋之余也不忘与同伴撒网捕鱼，每次收网都是大丰收。大家都高兴坏了，迫不及待地想回家跟大家分享他们的鱼。

　　但是，返航途中天气突然大变，乌云密布，不久便刮起狂风下起暴雨，海面掀起巨浪，差点将渔船吞没。沈颂与同伴努力稳住船只才撑过这场暴风雨，没让自己沉入海中。

抓稳，别掉出去啊！

好不容易雨势减缓，风浪也没那么猛烈了，大家只想赶快回家，却发现他们已经搞不清回家的方向了。天空仍然乌云笼罩，看不见太阳或星星，该怎么做才能找到回家的方向呢？

沈颂想，等天气变好，太阳出来就能找到方向了。但谁知道天气会不会好转呢？要是暴风雨再次来袭，船只可能真的会沉没，他们可不能逗留在原地。

但要往哪个方向航行呢？如果航行的方向不对，岂不是离家更远？何况船上的饮用水也撑不了几天。大家想，先找个最近的陆地，登陆后再来慢慢研究方向。可是环顾四周只有无际的汪洋，看不到任何陆地。想在船桅上拉起大大的求救旗帜，希望附近的船只看到可以来救援，可整片海域阴雨绵绵，根本看不清远方有没有船只，更不用期待会有船只看到求救信号。

看不见星星及陆地，该怎么办？

正当大家苦恼着，沈颂摸口袋，找到了一个东西——他之前把玩的磁石。他不小心把磁石掉到船上的水洼里，却发现不管船怎么摇，磁石永远

指着同一个方向，但是
旁边没有任何吸引磁石
的铁器。沈颂回想起之
前曾有一次发现磁石指
的方向正好是北极星所
在的北方。

　　他拿了碗装满水，
让磁石浮在上面，告诉
大家他发现的结果，大
家决定先往磁石指的方
向航行。航行一段距离后，乌云渐渐散去，天空露出曙光，
而磁石正指着北方。他们照着磁石的方向继续航行，终于返
回了家。

终于找到回家的方向了。

科学大发明——指南针

　　沈颂使用的工具其实可以算是指南针的原型。早在古希腊时代就发现了磁铁，而中国在战国时期，便发现磁石的吸铁性质与指向性。最早出现的指南工具可追溯至战国时期的"司南"。司南是指南针的前身，可用于辨别方向。把天然磁石磨成勺状，使用时将它放在底盘上，盘子四周刻上方位的线格，勺柄会指向南方。不过在使用过程中司南容易受外来震动影响而失去磁性，古人又不断改良，做出了更精准的指南针。

　　指南针的记载最早见于北宋沈括所著的《梦溪笔谈》，里面记载了指南针的制作和运用方法：用磁石摩擦针头进行人工磁化，使针带上磁性做成磁针。里面还提及指南针可以通过"水浮法"来使用：把指南针放在有水的碗里，使它浮在水面上便能指示方位。其他还有"指爪法""碗唇法""缕悬法"，可见当时对指南针已有不少的研究成果。

指爪法

北宋沈括所著的《梦溪笔谈》，里面有详细记载指南针的制作和运用方法。

碗唇法

缕悬法

水浮法

指南针发明后便被运用于航海上，为了便于在海上辨别方位，将磁针与方位盘结合，成为航海用的罗盘。大约在 12 世纪，指南针技术传入阿拉伯国家后再传入欧洲。欧洲将指南针加以改良，使得航海能力大大提升，加上对地理的掌握，让迫切寻找通往东方海上航道的欧洲国家有了绝佳的动力。在 15 ~ 17 世纪，也就是"大航海时代"，欧洲航海家几乎走遍了全世界。

《韩非子·有度》中记载了世界上最早的指南工具"司南"。

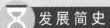 发展简史

公元前 2 世纪

在中国，指南针曾为测量风水用的工具。

公元 11 世纪

约 11 世纪北宋时期，中国开始将指南针运用在航海上，以辨认方位。

公元 12 世纪

指南针传入欧洲后，逐渐发展成为航海用的罗盘。有了指南针与航海图，人们在大海上就能辨认方位，完成航行。

现代

现在，指南针已被广泛运用，无论航海、航空、旅游探险都可以通过指南针辨认方向。

科学充电站

为什么指南针永远指着南北方向呢？

　　指南针中的磁针具有磁力，受到地球磁场的吸引而指着南北方向。为什么会这样呢？这要从地球开始说起。地球就像个巨大的磁铁，而地球的磁场在接近极点时最强。我们设想地球中心贯穿着一条南北向的线，两端就是地磁北极和地磁南极。

　　大部分的金属具有磁性，或是能借由磁化带上磁性，磁性比较大的金属就能反映出南北极的存在，而且永远都指向地球两极。因为磁铁的北极会受到地球北方磁极的吸引，所以指向北方，而磁铁的南极则会被地球南方磁极吸引而指向南方。

磁铁的两端定义为两种不同的磁极：南极（S极）和北极（N极）。

我们居住的地球就像个大磁铁，磁铁会受到地球磁力的吸引而永远指向地球的两端。

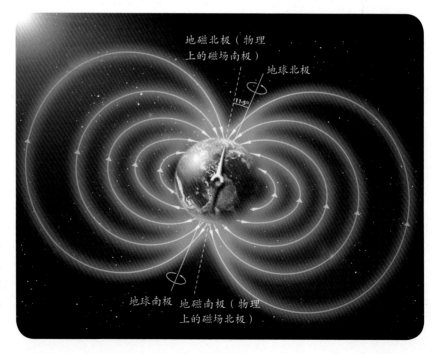

地磁北极（物理上的磁场南极）

地球北极

11.5°

地球南极　地磁南极（物理上的磁场北极）

送货车走的路。于是史丹利投入资金，请工人开辟了一条新的道路，并尽可能截弯取直，路上再铺两条铁轨让车子卡在上面行走，使这整列运货车全速前进时也不会偏离方向。如此一来，史丹利造出了以蒸汽引擎驱动的火车来运送煤，既省时省力，送货过程也不再有延误或损失了。

让送货车沿着轨道走应该会很安全。

载越多煤我就越赚钱！

科学大发明——火车

最早的火车发明于19世纪初，于1804年由英国人理查德·特里维西克制造，虽然他的蒸汽火车可以在轨道上行驶，但是仍面临许多问题而无法实地运作。后来，乔治·史蒂芬森改进技术且克服了各种困难，于1829年制造了"火箭号"蒸汽火车，这种蒸汽火车能够快速又方便地载运乘客及货物，是最早成功使用的商用蒸汽火车，也是当时陆地上速度最快的交通工具（最高时速达每小时46公里）。史蒂芬森也在英国修建了世界上第一条公用铁路，开启了铁路的交通革命，使火车以惊人的速度在世界各国发展起来。

英国政府为了纪念铁路先驱乔治·史蒂芬森的贡献，发行了印制有乔治·史蒂芬森画像的5英磅钞票，也将乔治·史蒂芬森的故事写入教科书中。

蒸汽火车诞生后，火车便在各国蓬勃发展，成为最重要的陆地交通工具之一。

有了火车以后，各个国家都修建了遍布全国的铁路网，也不断改进火车的性能。早期的火车以蒸汽为动力，1892 年发明了以柴油为燃料的内燃机，1910 年起开始更换为柴油火车，柴油火车效率比蒸汽火车高，速度也更快。1950 年后，以电力为能源的电动火车因速度更快，又不会造成废气污染而备受推崇，铁路开始普遍实现电气化。如今，时速达 200 公里以上的高铁出现在各国并逐渐普及，成为现今最重要的陆地交通运输工具之一。

法国的 TGV 高铁开通于 1981 年，运行时速可以达到每小时 320 公里。

发展简史

1829 年

乔治·史蒂芬森制造的蒸汽火车"火箭号"是最早成功使用的商用蒸汽火车。

1950 年

1950 年以后，部分高流量的铁路改用电动火车，使铁路实现电气化。

1964 年

1964 年 10 月 1 日，日本的"新干线"通车，这是世界上最早的高速铁路。

1994 年

1994 年 11 月，连接英国、法国、比利时等国家的跨国高速铁路"欧洲之星"正式营运，使用率高达 70%，成为欧洲最受欢迎的铁路。

科学充电站

蒸汽要怎么成为动力？

　　蒸汽火车就是用蒸汽引擎驱动的交通工具，蒸汽引擎是一种利用热能产生动力的机器，以燃烧煤为动力来源。火车在行驶中需要不断往锅炉里加煤、加水，锅炉内的水受热达到沸点并产生水蒸气，水蒸气被持续加热至高压、高温状态。这些水蒸气会产生压力，用来推动汽缸内的活塞，让活塞前后滑动。活塞会推动火车车轮杆前后移动，带动车轮使火车动起来。

　　早期的蒸汽机被用来将矿井里的水抽出来，不过机器的效率不高。1760年，苏格兰人詹姆斯·瓦特改良了蒸汽机，将汽缸与凝结缸通过一个阀门分开，提高了蒸汽机的效率，使蒸汽机有更好的效能。

公元1世纪希腊科学家希罗发明汽转球，利用球体两旁喷射水蒸气，来让球体转动。

除了蒸汽火车，也有以蒸汽机作为动力的船。

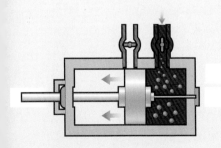
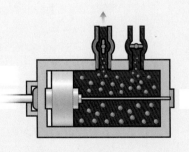
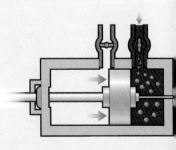

当锅炉内的水加热产生水蒸气，水蒸气受热膨胀，会推动汽缸内的活塞向前移动，使机器动起来。

蒸汽车

蒸汽机可以让火车前进是利用什么原理呢？我们也来试试吧。

步骤

1 在瓶盖中间挖个小洞，让竹签可以穿过瓶盖，当作轮子。

2 拿出3根冰棒棍并排粘在一起，前后两端粘上5厘米的吸管，两组轮子穿过前后吸管制成车体。

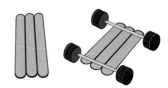

3 在小玻璃瓶中装水，盖上瓶盖后，在瓶盖上挖个洞，将吸管插入，再用黏土封紧空隙。

4 用一块3厘米高的黏土固定在车子上，将玻璃瓶横放固定在黏土上，使吸管朝着车外。

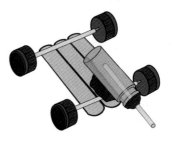

材料

冰棒棍

瓶盖　　吸管

剪刀

小蜡烛　　黏土

竹签

小玻璃瓶

胶带

把小蜡烛固定在瓶底附近，将蜡烛点燃后，瓶中的水会化为水蒸气产生动力，车子就能前进了。

我能更方便地
巡视森林吗？

卡尔·德雷斯在德国的一家林业公司找到了一份新工作，公司拥有庞大的私人林地，可以提供稳定的木材来源。大约有数百公顷的森林皆为林业公司所有。卡尔·德雷斯的工作就是担任护林员，要巡视其中几片森林，从一片森林走到另一片森林，注意所有林地的状况，防范想盗砍林木的小偷。

但是这几片森林实在是太大了，他从一片森林走到另一片森林就得花上 1 个小时，在一片森林里巡视也要花 2 个多小时，要巡视完所有的森林要花好几天的时间。长期以来都徒步巡视很辛苦，他决定想想有没有方法可以让自己工作时

走路累死了。

不这么累。

我的薪水都被马"吃光"了……

走路的辛苦让卡尔·德雷斯萌发了找代步工具的想法，他想也许可以骑马巡视林地，这样就可以不用一直走路。可是卡尔·德雷斯家里没有养马，也没有足够的空间可以养马，而且养马的费用又是一笔开支，可能工作赚来的钱大部分都要被马"吃光"……

既然不养马，那有没有一种交通工具可以帮忙呢？他想了想觉得一般的马车或是蒸汽机车也不太行，因为体积太过庞大，没办法穿梭林间，要是被卡住了，车子很容易损坏。车子行进时也会压坏草地，还可能破坏树林，这样会被开除的。

他想，地上巡视太麻烦，如果能飞上天去，不会被高

耸的树木挡住，视野一定很开阔，整片森林一下就检视完毕，就轻松多了。但是，要怎么飞上天一直都是人类渴望解决的难题啊！卡尔·德雷斯不久前才听闻有个人在身上绑木片当作翅膀，想飞过山谷，结果从悬崖坠落摔死了。

如果有体积更小的交通工具就好了。卡尔·德雷斯这么想着，忽然想起以前法国也有一个人抱怨马车太宽，害他在狭窄的街道中闪避不及，被溅起来的水花淋湿了衣服。于是那位法国人突发奇想，将原本四轮的马车切成两半，变成一前一后的两轮，外表看起来就像是在长板凳下面装上了两个轮子，要用脚踩在地上一蹬一

这个叔叔好好笑！

蹬地前进。但是，这样的前进方式其实很困难，既缓慢又不方便，看起来太滑稽，会被大家取笑。后来法国的道路拓宽以后，这个设计也被遗忘了。

就是这个！卡尔·德雷斯终于找到了好办法。他把

旧的木车上两个轮子拿下来，连接在一个木头架子上，这样就是一个骑乘式的代步工具了。卡尔·德雷斯将车子稍微修改了一下，在前面装上可以控制前轮方向的车头，并且装上了把手，双手可以通过控制把手来转弯，他可以跨坐在上面用双脚蹬地前进。他一脚一脚踩着地巡视森林，果然比平常走路快。他骑着车子快速地穿梭在路上，此时旁边没有人再嘲笑他，而是羡慕地追逐在他身后。不久后，他的车子吸引了大家的注意，还成了当时的一股风潮呢！

脚一踩，
轮子就往前了。

帅！

科学大发明——自行车

　　自行车是现代生活中常见且方便的交通工具，其起源可以追溯至 200 多年前。1791 年，法国人西夫拉克在一个下雨天走在街头，被经过的车马溅了一身水，让他产生改良马车宽度的想法。他把四轮马车切一半，变成前后两轮，中间由一根横木连接，做出了人类史上最早的自行车。不过这辆车子没有前进的驱动装置，也没有转向装置，只能算是加上轮子的"玩具木马"。道路拓宽后，这项发明也被人淡忘了。

　　后来，德国一名护林人卡尔·德雷斯为了方便巡视广大的林地，想制作一种代步交通工具。1817 年，卡尔·德雷斯制作出另一种自行车，装置了可以转动前轮方向的把手，可以控制前进的方向。不过这种自行车必须用脚踩着地面，用脚蹬地才能前进。直到 1839 年，麦克米伦运用杠杆原理，给自行车装上了踏板与连杆来连接后轮的曲柄，双脚交替在踏板上用力，就能带动后轮前进，无需用脚蹬地了。

　　此后几十年，自行车在欧洲上流社会形成一股风潮，自行车的结构也越来越完善。1885 年约翰·斯塔利制作的安全自行车以一根链条来带动车轮前进。1888 年，装上约翰·邓洛普发明的充气轮胎，此时的自行车构造已与现代的自行车没有太大差别了。

卡尔·德雷斯于 1817 年制作的自行车，可以一边前进一边改变方向，但必须用脚蹬地才能驱动车子移动。

安全自行车出现后，原本仅用于上流社会休闲娱乐的自行车变成了真正实用的交通工具，让一般民众都能骑乘自行车出远门。

1839 年

英国人麦克米伦发明一种脚踏式自行车，只需踩动踏板就能前进，双脚不需要再蹬地了。

1870 年

当时前轮大、后轮小的自行车在英国成为风靡一时的交通工具。

1888 年

安全自行车与充气轮胎的发明，解决了震动大的问题，使骑行变得更安全。现代自行车在此时已基本成型。

21 世纪

如今，自行车不只是作为交通工具，也成为追求竞速与刺激的一项娱乐活动，自行车也因为不同的地形而被改造成各种不同车型，例如适合爬坡的登山自行车、越野自行车。

什么样的轮胎振动小？

　　自行车刚发明时多使用的是木轮或铁质轮子，前进时车身会摇晃不停，而且当时的道路不平，骑起来颠簸得很厉害，让人不舒服。

　　1870 年，英国人詹姆斯·斯塔利发现，两车轮的前轮越大，速度会越快，骑车时的振动也越轻微，因此发明了和人差不多高的自行车。当时，前轮大、后轮小的自行车一下子就风靡了全英国。但这样高大的自行车十分危险，前轮一旦被卡住容易重心不稳，骑乘者很容易就会往前摔倒。

　　后来，詹姆斯·斯塔利的侄子约翰·斯塔利改良制造出前后轮大小相当、重心移到后轮的安全自行车。1888 年，约翰·邓洛普发明的充气轮胎解决了传统轮胎振动大的问题，提高了自行车的耐受力与抗振性能，现代自行车也在此时基本成型了。

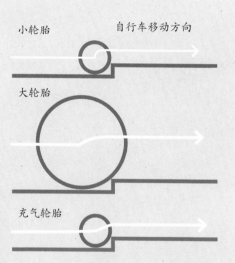

高大的前轮可以让骑车时的振动减小，速度也更快。但这种自行车相当危险，骑乘时容易重心不稳往前摔倒。

　　和大轮胎比起来，小轮胎碰到相同高度的障碍物时，需要用更大的角度才能越过去，角度越大，振动也越强烈。充气轮胎更有弹性，在颠簸的路面上能有效地降低振动幅度。

旋转自行车踏板

踩着自行车底下的踏板，自行车就会动起来，是什么原因呢？想一想，一起来动手做做看。

材料

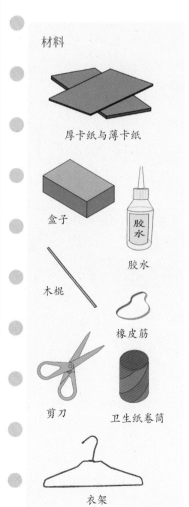

厚卡纸与薄卡纸

盒子

胶水

木棍

橡皮筋

剪刀

卫生纸卷筒

衣架

步骤

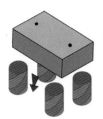

1 把卫生纸卷筒粘在盒子底部，然后在盒子上挖两个洞，如左图所示。

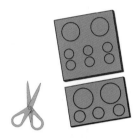

2 厚卡纸上剪2个半径3厘米与6个半径1.5厘米的圆形。薄卡纸则剪2个半径3.5厘米与3个半径2厘米的圆形。

3 在这些圆形的中间都打一个洞，然后再依照上图排列好，用木棍穿过去，并插入盒子上的洞。

4 把衣架弯成左图的形状，插入大的轮子上，再用厚卡纸做一个踏板粘在衣架上。

最后在厚卡纸上画一辆自行车，用胶水粘在另一个轮子上。再套一条橡皮筋到两个轮子上当作链条，可以转动踏板试试看。

可以用什么来作为新的代步工具？

卡尔·本茨很喜欢骑自行车。他喜欢骑自行车时自由自在的感觉，想去哪里就去哪里，比步行快速、省力得多。除了每天骑自行车上下班，他也会在休假的日子骑着车穿行在附近的田野里。他常常一边骑车一边哼着歌曲，觉得舒服极了。

真开心。

不过，有时候卡尔·本茨觉得一直骑自行车不停歇很累，脚会很酸痛，没有办法骑得太快。由于卡尔·本茨对机械工程很感兴趣，便梦想着有一天可以制造出一辆不用人力驱动的车。

自从蒸汽机发明以后，有的发明家用蒸汽机作为交通工具的新动力，发明了蒸汽车。卡尔·本茨也做了一辆，并上街尝试了许多次。蒸汽车有很多缺陷，它们太过笨重、噪音很大，而且还会不断冒黑烟，行驶过程中常常因为控制不良而发生交通事故，造成周围民众的恐慌。此外，蒸汽锅炉的蒸汽产生得太慢，不适合长途旅行。卡尔·本茨认为应该有比蒸汽机更好的动力才对。

除了蒸汽以外，有些人改用电力，制造出了电动车。卡尔·本茨也曾尝试过，虽然电动车不会发出噪音，也不会冒黑烟，但是电动车里的电池产生的动力不尽如人意，速度慢又不持久，跑不了多远就没电了，需要常常停下来换电池，很是麻烦。电池不是稳定提供电力的来源，也许可以拉一条电线接在车上。但

黑烟熏死人了！

连着电线的车子又能跑多远呢？而且行驶中大家都会被那条长长的电线绊倒。

　　还有什么可以作为车子的动力呢？卡尔·本茨寻找了很久，想到有位工程师制造出的内燃机，它使用的燃料是天然气或石油等碳氢化合物，动力则是燃料燃烧产生的热膨胀。

　　卡尔·本茨想，试试看！他将内燃机改良后，发现效能比过去的蒸汽机好上许多。他以自行车为原形，

喂喂！不准开！

将后轮改成两个车轮，变成三轮车，装上内燃机与把手，做出了世界上第一辆汽车。然而，出于对未知机器的恐慌，每当他想要在市区试驾时，警察会立刻出面制止，以防交通事故发生，导致卡尔·本茨一直迟迟无法进行车子的性能测试。

看到卡尔·本茨为了无法测试而焦头烂额，卡尔·本茨的妻子实在看不下去了，于是毅然决然地驾车前往数十公里外的老家，并安全返回，完成了首次长距离的测试。也因为这次测试的成功，吸引了大众的兴趣，卡尔·本茨得以推广并卖出自己发明的汽车，最后还成立了汽车公司呢！

科学大发明——汽车

　　除了骑马，在汽车发明以前，人们都是以马车来作为远距离交通工具。马车不但速度慢，而且在行进中马匹失去控制也会造成危险。19世纪初，自行车发明以后，提供了另一种代步工具，不过对于长途旅行来说，不是所有人都有体力骑完全程。

　　历史上第一部以自身动力行驶的交通工具是蒸汽车，由法国工程师尼可拉斯·古诺于1769年设计。但是这种车速度缓慢，时速仅为4公里，而且每15分钟就要停车，往铁炉里加煤，非常麻烦。行驶过程中还会发出巨大噪音，不断冒黑烟，民众普遍认为不安全。后来，不断有人改良并制造其他种类的蒸汽车，但仍然不太理想。

　　直到1885年，德国工程师卡尔·本茨摒弃马车与蒸汽车的概念，他将汽油内燃机安装在三轮车上，发明了第一辆以内燃机作为引擎的三轮汽车并申请了专利，造出世界上第一辆汽车。卡尔·本茨开办的汽车公司发展至今依然很有名气。1886年，另一位发明家戈特利布·戴姆勒也制造出了搭

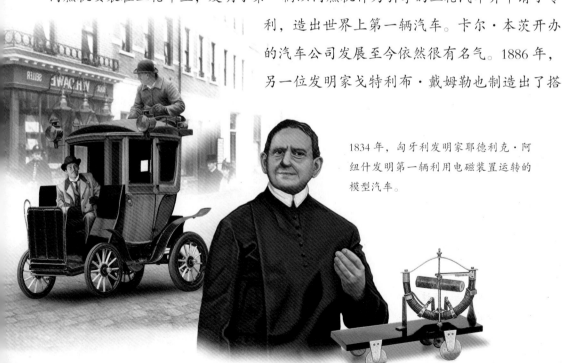

1834年，匈牙利发明家耶德利克·阿纽什发明第一辆利用电磁装置运转的模型汽车。

载汽油引擎的四轮汽车。此后，汽车不断改良，逐渐取代传统的马车。

虽然开办汽车公司，但是早期的汽车仍是手工打造，造价高，产量又少，只有富裕人士才买得起。1908年，美国企业家亨利·福特制定出一种作业方式，使用生产流水线，让每个工人只安装一个部件，不但能大量生产汽车，还能降低制造成本，让一般民众负担得起，改变了汽车制造产业模式，也让汽车普及，进入每个家庭。

汽车发明以后，卡尔·本茨与戈特利布·戴姆勒分别创立各自的汽车公司。不过1926年因经济萎缩，最后两家公司合并。

发展简史

1769 年
尼可拉斯·古诺设计出三轮蒸汽车

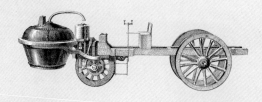

1885 年
卡尔·本茨发明了世界上第一辆汽车，卡尔·本茨也被公认为"汽车的发明者"。

20 世纪
随着内燃机技术的提升与汽车的改进，20世纪起，以内燃机驱动的汽车成为主流。

21 世纪
21世纪开始，汽车也开始尝试使用其他清洁能源作为动力，如太阳能车、电动汽车。

汽车使用的燃料从哪里来？

　　汽车内燃机所使用的能源汽油是一种来自石油的液体燃料。石油是从地底下挖掘到的一种液体，是化石燃料的一种，被称为"工业的血液"。化石燃料除了有液态的石油，还有气态的天然气以及固态的煤炭。

　　石油经过化学工业精炼后得到的产品，除了主要使用的能源汽油，还会产生其他副产品，例如润滑引擎的润滑油、铺在马路上的沥青等。石油在精炼的过程中，会将原油里的杂质移除，提炼出汽油。接着，汽油会被抽进管子进入一个很大的油槽，再用油罐车运往加油站，加油站再用油枪将汽油加入汽车内为其提供能源动力。

　　化石燃料仍是目前主要使用的能源之一，但是化石燃料属于不可再生的能源，因此其供应量不足会造成能源危机。1960年就因为石油供应不足而出现"石油危机"，影响全球经济。此外，燃烧化石燃料会产生大量的二氧化碳以及其他废气，不仅污染空气，影响我们的居住环境品质与健康，还会加快全球变暖。如今，全球正趋向于发展可再生能源，如太阳能、风能、水能、地热能等，希望在未来提供更多便于使用且不会污染环境的能源。

提取石油的油井是利用油泵将地底下的石油抽取上来。

弹性动力车

燃烧化石燃料可以让汽车动起来，除此之外，其他动力来源如弹力，也可以成为车的动力喔!

材料

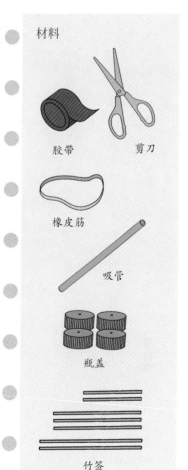

胶带　　　剪刀

橡皮筋

吸管

瓶盖

竹签

步骤

后　　　前

1 用10厘米与5厘米的竹签绑成一个长方形，再将8厘米的竹签斜绑在长方形一端。

2 靠近斜竹签处粘上5厘米的吸管，另外一端则粘上两段2厘米的吸管。

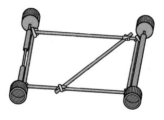

3 在瓶盖中间挖个小洞。将两支8厘米的竹签分过穿进前后的吸管里，并在竹签两端装上瓶盖，当作车轮。

4 剪断一条橡皮筋，将它一端绑在斜竹签上，另一端绑在后轮轴上，弹性动力车就完成了。

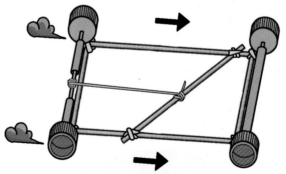

先利用后轮轴将橡皮筋攥紧，一放开，车子就会动起来!

我要如何渡河 到对岸呢？

彼得是一个猎人，他有一位妻子妮卡以及两个儿子，小儿子还在襁褓中。彼得一家人的食物依赖周遭的猎物与果树，彼得一般会出去打猎，妻子待在家照顾孩子，偶尔在附近采集果子及谷物。当附近已经没有食物可以食用，彼得会带着一家人搬到别的地方，寻找新的食物来源。

附近的食物吃完了，彼得一家人带着平时储存的食物再度

爸爸，我想
吃果子。

出发寻找新家地点。他们经过一条宽敞的河流时，彼得发现河的对岸有很多棵长满果实的树木，还能看到胖胖的鹿正在树林间吃草。有这么充沛的食物来源，作为新家地点是再合适不过了。但是，他要怎么做才能让一家人顺利渡河呢？

彼得和妻子虽然会游泳，但是两个孩子还不会，他们也没办法一边抱小孩一边游泳。彼得心想，游泳还是太危险了，干脆做

没有手往前划了。

一个简便的木桥，这样大家都可以从桥上走过去。于是彼得拿起石斧，在附近找了一棵最高大的树木挥砍起来。好不容易砍倒大树后，彼得比对了一下，发现河流实在太宽了，这棵树木不够长，没办法架在河上面当木桥。

彼得看着这根被他砍下的树木思考着，他知道木头可以浮在水面上，也许他们一家人可以搭乘着树木划到河的另一边去。然而，他发现木头太圆了，儿子坐上去会抓不住，一下就会滑进水里。彼得和妻子虽然可以一手抱住孩子，一手抓紧圆木，但这样就没有多的手可以用来划水前进了。

彼得忽然想到，他可以用草绳绑着好几根圆木变成木筏，这样就可以让孩子坐在上面了。不过，木筏还有个小缺

小苏打动力船

船只可以轻易地漂浮在水面上，我们可以用小苏打来提供动力，制作一艘在水上奔驰的小快艇。

材料

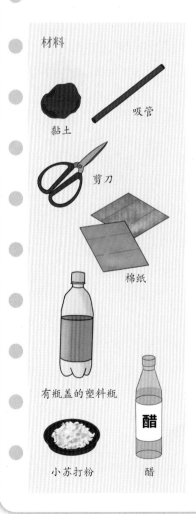

黏土　吸管

剪刀

棉纸

有瓶盖的塑料瓶

小苏打粉　醋

步骤

1 用剪刀在塑料瓶底靠近边缘处挖一个小洞。

2 把吸管插进小洞中，留1厘米的长度在外面。用黏土固定吸管并把空隙封紧。

3 在棉纸上放一些小苏打粉，然后卷起棉纸，拧紧两端。

4 在塑料瓶里放几勺醋，把装小苏打的纸卷塞进瓶子里。

迅速盖上瓶盖，把瓶子放进装满水的水盆里，塑料瓶就会快速前进了。

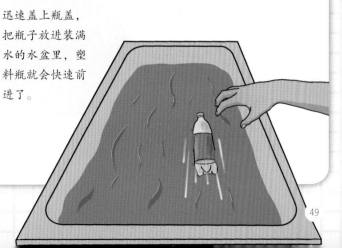

49

如何像鸟儿一样在空中飞行？

能够像鸟儿一样飞上天空是人类一直以来的梦想，也是莱特兄弟的梦想。不过，他们知道人类没有翅膀，也不可能长出翅膀，那就势必得做出一对"翅膀"了。

莱特兄弟寻找资料，查找前人们曾经用过哪些方法来试着飞行。之前，人们将大大的木片当作翅膀，绑在人的手臂上，但最后

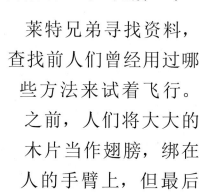

都没有成功飞起来。可见单靠人的力量是绝对不够的，必须做出能辅助人类飞行的机器。

但是要怎么让笨重的机器升空呢？这个机器应该也要像鸟儿一样有着翅膀，才有可能在空中飞行吧。莱特兄弟曾在资料中看到，有些研究者受到风筝的启示而设计出滑翔机，滑翔机两侧的机翼非常宽大，就像鸟类的翅膀。如果从高处起飞，机翼会有足够的空气阻力，滑翔机可以缓慢下降，如果设计得好，可以在空中"飞翔"好一阵子呢！可是这样并不能让滑翔机向上升空，还是需要依靠动力才能起飞。

真想像鸟儿一样飞上天啊！

就算没有引擎，滑翔机也能在天空"飞翔"呢！

后来，莱特兄弟找到了汽车引擎，也就是内燃机，并装在滑翔机上，通过引擎提供更强大的动力，推动飞行器升空。可是原本的引擎太重了，于是莱特兄弟自己设计并制造了适合飞行器的引擎。

后来飞行器能够升空了，但通过多次进行飞行实验与观察飞行结果，他们发现这样的飞行是有问题的。因为一旦升空后就没有办法控制方向，也不能控制上升或下降，更不能控制降落的地点。从其他人惨痛的例子来看，降落在哪里只能祈求好运，若是运气不好，则会降落在危险地点。因此莱特兄弟认识到，要想完成真正意义上的飞行，"控制"是关键。

不能控制方向太危险了！

于是，莱特兄弟努力研究如何在空中控制飞行器。他们看着天上的鸟儿思考，鸟是怎么样在天上飞？怎么在空中保持平衡？为什么不会坠落到地面上呢？莱特兄弟发现鸟儿可以通过扭动翅膀，改变羽毛弯曲的状态从而完成转弯、俯仰、水平移动及其他飞行动作。因此，他们想到，如果在飞行时能够扭转机翼，控制翼尖的扭曲，便能保持飞行器的平衡并可以改变方向。他们做出一个系统，可以让飞行员通过操纵滑轮与缆线使机翼翘曲，从而改变两侧升力，保持平直飞行或进行转弯。此外，他们还发现如果把机翼上表面设计成外凸的弧线型，更有利于向上飞行。

他们不断改进飞行器，经历了无数次的尝试与飞行实验后，终于有一架飞行器试飞成功，而且实现了可自由控制的稳定飞行。当他们对外公开示范飞行时，全世界都感到惊叹不已，称"这是人类第一次真正的飞行"，这架飞行器也被公认为最早的飞机。

等一下换我飞！

科学大发明——飞机

　　飞上天空一直是人类的梦想。2000多年前，古人也尝试制造能够飞上天空的器具，如古希腊人制造的机械鸽，中国人发明的风筝、竹蜻蜓等，这些成为日后飞行器设计的雏形。

　　18世纪，人们利用热空气比冷空气轻的原理，让热气球升上天空。但是热气球难以控制飞行的方向，又容易受到强风影响。19世纪，使用比空气轻的氢气作为填充气体，并在氢气球上加装引擎和螺旋桨做成飞船。飞船既可以控制方向，还可以载运乘客，但这种飞船速度不快且容易爆炸。

　　后来，英国人乔治·凯利通过研究风筝与鸟的飞行原理，制作出固定机翼的滑翔机，利用空气提供的升力在空中滑翔。他也对飞行原理、空气升力及机翼、方向舵等进行了科学研究与实验，为后人提供了珍贵的指引。1891年，德国工程师李林塔尔从鸟类的翅膀中得到启示，依照翅膀的曲线制造出机翼表面有弧度的滑翔机，可以在空中滞留相当长的时间。

美国的莱特兄弟受到两位前辈的影响，以滑翔机进行了 1000 次以上的飞行实验，积累的经验帮助他们改良并制作出飞机。1903 年，莱特兄弟终于设计出世界上第一架安全可控并能持续飞行的飞行器，命名为"飞行者一号"。经过安全评估改良后，莱特兄弟于 1908 年进行公开示范飞行，他们的震撼演出让所有观众都雀跃不已，莱特兄弟一举成名，他们的飞行也被国际航空联合会认可为"第一次重于空气的航空器进行的受控的持续动力飞行"。

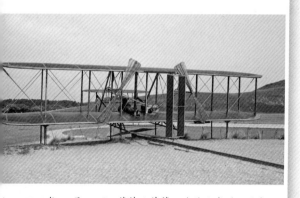

1903 年 12 月 17 日，莱特兄弟第一次试飞成功，开启了航空飞行的新纪元。

发展简史

1783 年

蒙氏兄弟做出了巨大的热气球，并且公开表演升空，当时上面载运的乘客是 1 只羊、1 只鸡和 1 只鸭子。

1890 年

德国齐柏林伯爵在 19 世纪末设计的飞船，由于相当成功，当时此类飞船甚至都以"齐柏林飞船"为代名词。

19 世纪末

19 世纪末设计的滑翔机，驾驶员悬吊在滑翔机上。

1950 年

民用航空开始蓬勃发展，现在，我们可以搭乘客机飞往世界各地。

飞机如何飞上天？

　　飞机能飞上天空，主要是通过四种力量交互作用所产生的结果。这四种力量分别是飞机自身的重力、空气的升力、引擎的推力与空气产生的阻力。飞机能够飞行的条件，必须是推力大于阻力，升力大于重力。

　　当空气流经机翼时，空气会分别从机翼上下流过。当飞机快速往前，空气流过拱起来的机翼上表面时，上方的空气流速比机翼下方的快。气流速度越快，则压力越小，机翼上方的气压较低，所以机翼上下表面的压力差可以产生升力，升力将飞机支撑着，使飞机获得一股向上抬升的力量。

　　飞机启动引擎使螺旋桨旋转产生向后推力，空气的反作用力会将飞机往前推，带动机身前进，喷气式飞机则是利用喷射来产生推力。为了提高飞行效率，飞机在设计上更倾向于流线型，以减少空气阻力。要克服飞机本身的重力，飞机材料多使用质轻坚固又耐用的铝合金。

　　飞机在日趋全球化的今天有着不可取代的地位，它可以载运货物与乘客，使飞行变得越来越快速与便利。可以说航空技术是 20 世纪对人类影响最大的发明之一。

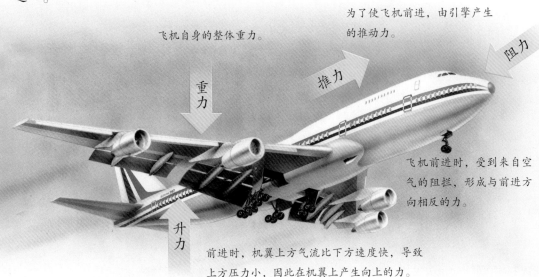

飞机自身的整体重力。

为了使飞机前进，由引擎产生的推动力。

重力

推力

阻力

飞机前进时，受到来自空气的阻拦，形成与前进方向相反的力。

升力

前进时，机翼上方气流比下方速度快，导致上方压力小，因此在机翼上产生向上的力。

不一样的纸飞机

你也许知道怎么折能飞行的纸飞机，但你有见过这么奇形怪状的飞机吗？其实它也可以平稳飞行呢！

材料

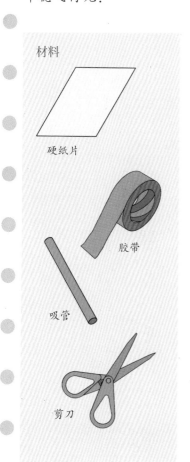

硬纸片

胶带

吸管

剪刀

步骤

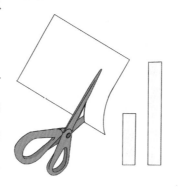

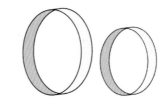

后　　　　　　前

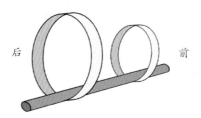

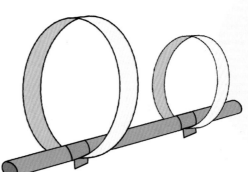

1　用剪刀把硬纸片裁成2.5厘米宽一长一短的纸条，长纸条是短纸条的两倍长。

2　把长纸条与短纸条弯起来分别形成大小两个纸圈，用胶带粘起来。

3　把大小两个纸圈分别用胶带粘在吸管上，小圈在前，大圈在后。

抓着吸管往前扔，试飞看看，也许这架稀奇古怪的飞机比你过去折的纸飞机还要飞得更远呢。

如何飞到太空去旅行呢?

罗伯特·戈达德对于外太空的世界充满好奇,他看了一本科幻小说,里面对于外太空的描写以及对于外星人的想象让他深深着迷。这开启了罗伯特·戈达德对于星空的美丽幻想,他希望自己有一天也能飞向外太空去旅行。

我想去找外星人!

虽然他有梦想,但当时的科技还远没达到那样的水准,没有任何工具能成功到达外太空,对于他的梦想,大家都认为他痴人说梦。

即使如此，罗伯特·戈达德并没有放弃梦想，他在大学任教期间不断进行着火箭研究。他知道很久以前，有人曾经将火药绑在弓箭上射出去。虽然飞不了太高，但大家普遍认为火药应当是推进火箭升空的重要燃料。在这个过程中，他不停尝试着让火箭升空的实验，希望能够飞得更高更远。

然而，经过无数次的实验后，罗伯特·戈达德发现火药的动力并不太够，没办法将火箭送上足够的高度。他觉得也许可以使用更多的火药来推动火箭升空，但如果需要这么多燃料的话，火箭的体积也需要增大很多，火箭的重量反而增加，不一定能飞得更高。

他想，换一种动力试试，他知道飞机引擎或是汽车引擎也是一个不错的选择，并且可以持续不断地提供动力。然而，引擎

这么大的火箭，
用火药能飞得起来吗？

没有空气,
引擎熄火了……

需要燃烧空气才能产生动力,当飞到高空时,空气会越来越稀薄,这样引擎上升到一定高度势必会因为没有空气而熄火。如果想要将火箭推上高空,使用的燃料必须能有足够的动力突破大气层。到底什么样的燃料才能让火箭升空呢?

罗伯特·戈达德分析后,认为应该用比较轻的燃料,于是他将原本的固体火药燃料换成液体燃料,他简单地测试之后发现液体燃料是可行的。罗伯特·戈达德思考如果把氧气携带在火箭里,并且让燃料在一个小燃烧室里燃烧,应该会产生更大的压力与动力,使推进能力加强并提高效率,还可以避免燃烧时热能随气体排放而浪费掉。

罗伯特·戈达德改良了火箭，它里面有一个燃烧室，并使用液氧和液体燃料来进行实验。花费多年的时间，他终于成功让液体燃料火箭飞上天空。后来罗伯特·戈达德不断地改进研究，一心想要让火箭飞上太空，可惜他未能在生前完成这个梦想。罗伯特·戈达德的火箭研究拥有两百多项专利，是后来科学家研究的重要资料，人们以他的经验来制造更先进的火箭，最后终于成功飞上了太空。后人也以罗伯特·戈达德的名字设立太空中心来纪念他。

科学大发明——火箭

　　中国宋代就有火箭记载，是用纸筒包裹火药绑在弓箭上，最后用弓弩发射升空，这是人类最原始的火箭。

　　1903 年，齐奥尔科夫斯基发表了《利用喷气工具研究宇宙空间》一文，这是第一篇从理论上论述用火箭进入宇宙可能性的论文。他提出宇宙航行与火箭推进的计算公式，认为液氧和液氢作为火箭燃料的液体推进剂比固体燃料能提供更多动力。他在生前写下多达 500 篇论文，但可惜没有成功造出理想中的火箭。不过他著作中的远见卓识影响着后来的火箭科学研究。

　　继齐奥尔科夫斯基之后，美国人罗伯特·戈达德也在 1920 年开始使用液体燃料作为火箭的推进剂，经过多次实验后，他使用汽油与液氧作为液体燃料。

14 世纪末，中国明朝有个叫万户的官员突发奇想，想要尝试飞上天。他知道火箭可以产生强大的推进力，于是在一个座椅周围绑上 47 支火箭，并把自己绑在座椅上，手里再牵着 2 个大风筝，最后请仆人把火箭全部同时点燃，结果爆炸了。虽然万户失败且牺牲了自己，但却是第一位尝试用火箭升空的人。

1926 年 3 月 16 日，罗伯特·戈达德在马萨诸塞州的奥本镇成功发射历史上第一枚液体燃料火箭。虽然只飞行了 2.5 秒，飞行高度 12.5 米，但这次的成功发射证明了液体燃料火箭的可行性，这枚火箭也是现代液体燃料火箭的鼻祖。

罗伯特·戈达德没有在生前完成太空旅行的梦想，但他的研究奠定了未来液体燃料火箭技术的基础，也让太空旅行从理论化为可能。1961 年，苏联科学家柯罗廖夫主导太空计划，改良德国研发的 V2 火箭，进一步作为东方 1 号太空船的飞行载具，成功让苏联人加加林飞上太空，加加林也成为世界上第一位飞上太空的宇航员。

1961 年，苏联宇航员加加林乘坐东方 1 号太空船绕地球飞行一周，成为世界上第一位飞上太空的宇航员。

1903 年

齐奥尔科夫斯基提出许多先进的火箭技术理伦，探讨太空旅行的可能性，也促成后来苏联成立了宇航学会。

1926 年

罗伯特·戈达德成功发射世界上第一枚液体燃料火箭，成为现代液体燃料火箭的先驱。

1943 年

德国科学家冯·布朗成功研发 V2 火箭，人类离太空更进一步。

1981 年

美国太空总署研发可重复使用的航天飞机，并在 1981 年 4 月让航天飞机哥伦比亚号升空。

火箭是怎么升空的？

当火箭燃料燃烧时，火箭也会被向上推入空中，这个原理就是牛顿第三运动定律：物体对另一个物体施力时，另一个物体也会对物体施加大小相同、方向相反的力，也就是作用力与反作用力。例如我们用力推动箱子时，手会感觉到一股力量在抵抗，这是箱子推向我们的反作用力；船只向前划行时，利用划桨将水向后推，水会产生一股反作用力推着船只前进。

现代火箭配有多个燃料槽，里面装有液氧及液体燃料，这些液体燃料混合并在燃烧室中燃烧以后，会产生高温高压的气体。接着，气体会经过一个喷嘴从底部向地面喷发。此时会对地面产生强大的压力，同时也会有相等的反作用力推动着火箭上升，这些反作用力便是推动火箭升空的推力。

反作用力

作用力

为了使火箭有足够的动力能顺利升空，现代火箭采用多节装置，每节皆搭载各自的火箭发动机及推进剂，每一节的燃料烧完便直接抛弃，火箭的重量因抛弃分节而减少，从而达到更高的速度与高度。这个概念最早由齐奥尔科夫斯基提出。

气球火箭

反作用力可以让火箭升空，我们也来做个气球火箭吧。

步骤

1 将长棉线的一端粘在墙壁上，棉线的另一端穿过已剪下的一段吸管并拉紧。

材料

长形气球

棉线　　胶带

马克笔

剪刀

夹子

吸管

打气筒

2 将长形气球用打气筒充气后，用夹子夹紧气球口使之不漏气，可以在气球上用马克笔画上喜欢的图案。

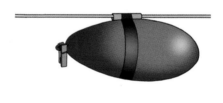

3 用胶带将气球粘在穿过棉线的吸管上。

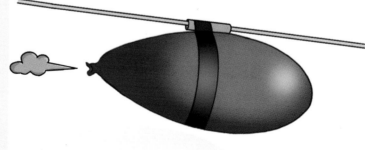

放开夹子，气球火箭就会沿着棉线飞出去了。

如何让火车速度变得更快呢？

20世纪以来，科技不断进步，交通工具不断推陈出新，它们的速度也不断突破过去的最高记录，将往来两地的交通时间变得更短。

在时代快速发展的驱使下，人们不断追求更快速、更便利的交通工具。因为现代经济的急速发展，国家对铁路的需求日趋增加，也因为此，不少工程师潜心研究高速铁路，满足人们快速又便利的出行需求。

赫尔曼·肯佩尔是位德国的工程师，他看着来来往往的火车通过整个市区，心里想着火车还能不能再快些呢？他让火车装配

速度最快的动力马达，试试看火车的速度极限在哪里。但是火车速度达到一个极限之后总是无法更快，就好像前面有股力量在阻碍火车加速，而不是因为动力不够。或许是因为空气？开车时可以感觉风往自己身上吹，速度越快感受就越强烈。火车在这么高速的行驶中，空气阻力一定也会变得很大。为了减少空气阻力，他将火车头部改造得非常尖，使受风面积减小，果然，火车变快了。

但是，这样还不够！不够快，还可以再快一点！

赫尔曼·肯佩尔思考还有什么力量在阻挡着火车的速度？他观察到，所有车辆都是采用轮子与地面或铁轨接触来前进。当火车行驶时，轮子接触铁轨就会产生摩擦力，摩擦力会成为火车前进的阻力之一，而火车跑得越快，摩擦力就越大。当摩擦力大到足以

冲太快，刹不住了……

毁坏车辆或铁轨时，火车的速度就会达到极限，无法再突破，否则火车就会脱轨。如果想要更快的速度，就得克服车轮与铁轨之间的摩擦力。

要怎么减少车轮的摩擦力呢？他想到如果能让火车飞起来，就不会有摩擦力的问题，但是要怎么做呢？火车没有翅膀，也不能给它装上宽大的翅膀，因为不仅妨碍交通，还会增加空气阻力。有不需要翅膀就能脱离地面的情况吗？

要是列车会飞就好了。

他在研究中突然想到，磁铁在不碰触彼此的情况下也会产生磁力，同性相斥，异性相吸。利用磁铁的这个原理，使火车具有抗拒地心引力的能力，来减少和克服火车与轨道之间的摩擦力，就好像火车会浮起来一样。如此一来，火车便能达到一般火车无法达到的高速。

我浮起来了！

因为同性相斥啊！

赫尔曼·肯佩尔后来提出可以让火车腾空行驶的磁悬浮技术，主要是利用电磁铁产生磁场变化，再控制磁场使火车悬浮行驶。他在不久后申请了专利，并且运用实验模型验证了磁悬浮在理论上是可行的。虽然中间面临着许多技术上的问题，不过赫尔曼·肯佩尔的研究成果对于后来磁悬浮列车的成功建造有着很大的功劳。

科学大发明——磁悬浮列车

20世纪中期，火车的速度已经达到时速200公里以上，这种高速化的铁路被称为"高速铁路"。1964年，日本开通的"新干线"是世界上最早的高速铁路。数十年间，高速铁路逐渐普及到各个国家。

虽然高速铁路已经够快了，但是依然有人不断追求极限，希望还可以更快。德国科学家赫尔曼·肯佩尔提出一个设想：轮子接触地面或轨道会产生摩擦力减缓速度，如果让轮子不与轨道接触，是不是能减少摩擦力，从而提升速度呢？1922年，赫尔曼·肯佩尔便提出以电磁悬浮原理运作的磁悬浮铁路，他也在1934年申请了磁悬浮列车的专利，这是磁悬浮列车的第一件专利案，其内容主要是利用电磁铁产生磁场变化，再辅以设备控制磁场，让火车可以悬浮行驶。

直到1960年，许多工业化国家为了提高交通运输能力，开始投入研究磁悬浮技术。1979年底，日本研发的磁悬浮列车首次突破时速500公里，达到时速517公里。1984年，世界上首辆商业运营的磁悬浮列车出现在英国。

中国在 2003 年开通的上海磁悬浮列车是至今仍在商业营运中的高速磁悬浮列车。如今，德国、日本、中国仍在继续进行磁悬浮列车的研究，并均取得了较大的进展。

为了降低空气阻力造成的影响，美国创业家马斯克提出一个构想：建造一个低压的真空管道，让磁悬浮列车在里面跑，由于大大减少了空气阻力，时速估计可高达 1200 公里。虽然这种超级高速铁路还未建成，但也许不久后的将来会出现在我们的世界中呢。

发展简史

1950 年

铁路实现电气化后，可以提供稳定的电力，运输效率更高，也更容易控制，列车可达到更快的速度。

1979 年

日本研发的磁悬浮列车达到时速 517 公里，这是陆上交通工具首次突破时速 500 公里的记录。

1994 年

连接欧洲各国的高速铁路"欧洲之星"通车，英法海底隧道开通后，甚至能跨越海峡，连成跨国际的高速铁路网。

2003 年

中国上海的磁悬浮列车正式营运。

科学充电站

磁悬浮列车是怎么运行的？

　　磁悬浮列车是利用磁力很强的电磁铁产生磁力，使车体悬浮在轨道上方快速前进，列车可以完全不接触轨道。传统的车辆是利用旋转式的马达推动车轮前进，而磁悬浮列车的推进力则是来自线型马达。线型马达是将螺旋马达的线圈改成直线方式，排列在车轨两侧。通入交流电后，车轨上的电磁铁会随着电流而改变它的磁极。车身上装置的电磁铁便会与车轨上的电磁铁靠着同性相斥、异性相吸的原理，产生"前吸后推"的现象，利用每秒变换数百次方向的电流，不断改变车轨上的磁极，将列车分段吸引前进。

　　让磁悬浮列车"悬浮"的方式分为两种，分别为相斥型（超导磁悬浮列车）及相吸型（常导磁悬浮列车）。日本的磁悬浮列车多为相斥型，而德国的磁悬浮列车多为相吸型。

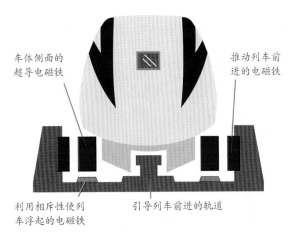

车体侧面的超导电磁铁

推动列车前进的电磁铁

利用相斥性使列车浮起的电磁铁

引导列车前进的轨道

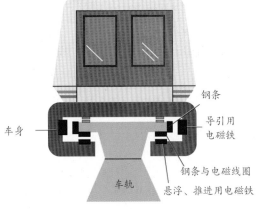

钢条

车身

导引用电磁铁

钢条与电磁线圈

车轨

悬浮、推进用电磁铁

相斥型（超导磁悬浮列车）

　　磁悬浮列车在车身装置超导电磁铁，利用通电后产生的超强相斥力，使车身渐渐升高约8厘米，在U字型的轨道内行进。

相吸型（常导磁悬浮列车）

　　磁悬浮列车将T字型的车轨包住，使车身的电磁铁位于车轨下方。通入电流后，因异性相吸作用，车轨吸引车身上升，维持1厘米间隙前进。

玩具磁悬浮列车

步骤

磁悬浮列车利用磁铁的特性产生磁悬浮力，行进时就像悬浮在半空中呢！做个玩具磁悬浮列车可以更好地理解作用原理。

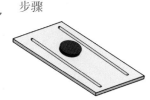

1 在珍珠板上画两条线，两线距离要比圆形磁铁直径大一点，沿着直线贴上双面胶。

2 先用磁铁测试，两条软性磁铁磁极相同会互相排斥，就以这个方向将软性磁铁贴在珍珠板上。

3 如果圆形磁铁放在轨道中间可以悬在半空中，用手轻轻一推可以快速滑动，轨道就算完成了。

4 用螺丝、螺帽穿过中间有洞的圆形磁铁，固定在小片的珍珠板上，完成磁悬浮列车车身。

材料

软性磁铁

圆形磁铁

双面胶

珍珠板

螺帽

螺丝

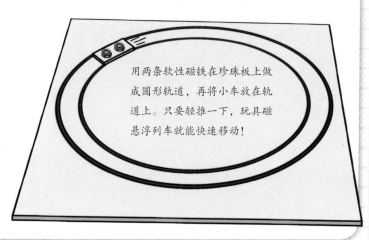

用两条软性磁铁在珍珠板上做成圆形轨道，再将小车放在轨道上。只要轻推一下，玩具磁悬浮列车就能快速移动！

我们怎么在月球上进行探索？

在月球上漫步真有趣。

1969 年，阿波罗 11 号登月任务成功，这是人类第一次在地球以外的星球上登陆，为日后的探索月球任务揭开了序幕。阿波罗 11 号宇航员的主要任务是在月球上漫步，进行月球上的资料搜集，其"在月球上踏出的一小步，是人类历史上的一大步"。这次探索为日后的月球探索任务积累了经验，因月球环境与地球很不同，所以在登月之前需做好充足准备。

月球的引力比地球小多了，因此宇航员在月球上的体重也变得比较轻，可以跳得更高、更远。在月球表面上，宇航员只能缓慢跳跃着前进，而且十分费力，因此探索任务大多在登月舱附近进行。

如果需要搜集月球更多的资料，宇航员就必须离开登月舱附近，走到更远的地方去。但是这很花时间，他们需要专门在月球表面上前进的交通工具。

月球上的环境跟地球上有很大的差别。除了月球的引力比较小以外，月球表面没有空气，所以不能使用一般的汽车，因为汽车装备的是汽

我想念我的车。

油引擎，引擎需要使用空气中的氧气才能燃烧燃料，产生动力。就算改用不同的动力来源，也不能装备普通的轮胎，因为一般使用的轮胎都是充气轮胎，在没有大气压力的月球上，这种充气轮胎会爆炸的。

像船一样航行如何？在交通工具上装上一块巨大如船帆的帆布也没有用，因为月球上没有大气，所以不会有风，根本无法吹动帆布。

如果是使用人力驱动的交通工具呢？像是自行车，不需要用其他外力或是引擎启动，只需要用脚踩踏板即可。但是，宇航员穿着太空衣行动很不灵活，而且太空衣非常笨重，通常重达120千克！虽然在无重力的外太空中不会感觉到这份重量，但身着厚实的装备无法做精细灵活的动作，要在月球上踩着自行车踏板前进也不容易。

此外，还要考虑到交通工具的重量，因为必须从遥远的地球载上来，所以交通工具要够轻，才能方便运载，同时还要够小巧，可以折叠起来，这样才不会占登月舱很大的空间。

综合以上的困难与需求，许多科学家与工程师集结起来，讨论并设计适合在月球表面上行进的交通工具，目的是能够

在低重力以及真空的环境下在月球表面行驶，以大大增加宇航员在月球表面的活动范围。在尝试了许多解决办法后，他们最后设计出这样的交通工具：一辆十分轻巧的探月车，每个轮子都是以电动马达驱动，探月车的时速最高可达20公里。

宇航员在后续的任务中驾驶探月车，成功地在月球上去往更远的地方，在探索月球任务中有了更多的发现。

这样探索月球方便多了！

科学大发明——探月车

　　20世纪冷战期间，美国与苏联彼此都想要在太空科技领域领先对方，于是展开激烈的太空竞赛，飞上月球进行探测成为他们的共同目标。苏联率先完成一连串的月球计划：1959年，苏联发射了许多月球探测器，月球1号探测器飞过月球表面，月球3号则是拍摄到月球的背面，月球2号撞击到月球表面，成为第一个登陆月球的无人探测器。

　　美国则是开展载人登陆月球的计划，1969年，尼尔·阿姆斯特朗完成了阿波罗11号登月任务，成为人类历史上第一位登陆月球的人。在接下来一系列的阿波罗登月任务中，美国总共采集到382千克月球上的岩石与土壤标本，也在登月任务中架设了许多科学仪器，探测月球上的资料数据并直接传回地球，有些仪器至今仍在使用。

　　为了在月球表面进行考察与收集资料、分析样本，在1971至1972年间，阿波罗15号至17号登月任务中，宇航员驾驶能在月球表面行进的探月车，称

苏联于1959年发射的月球3号探测器。

作阿波罗月球车。阿波罗月球车随着登月舰一同登陆月球表面，可以搭载两名宇航员、岩石样本与登月设备，让宇航员在月球上更方便地执行勘探任务。苏联则是发射无人驾驶的月球车，其中，月球车 1 号在 1970 年的月球 17 号任务中登陆月球。中国在 2013 年发射嫦娥 3 号月球探测器，搭载一辆无人驾驶的探月车——玉兔号月球车，最后成功登陆月球表面。目前只有俄罗斯、美国和中国三个国家成功完成探月车着陆并在月球表面上作业。

1969 年阿波罗 11 号鹰号登月舱成功登陆月球，尼尔·阿姆斯特朗在月球上留下的足迹。

发展简史

1957 年

苏联率先制造出第一颗人造卫星斯普特尼克 1 号并成功发射升空，开启了苏美两强国的太空竞赛。

1970 年

苏联发射无人驾驶月球车，月球车 1 号在月球表面进行勘探任务。

1971 年

美国于 1971 年在月球上使用阿波罗月球车作为宇航员在月球上的代步工具。

2013 年

中国于 2013 年发射由嫦娥 3 号搭载的无人驾驶探月车——玉兔号月球车。

月球的表面是什么样的？

月球是地球的卫星，也是目前人类在太空中唯一登陆过的星球。月球平均以27天7小时又43分为周期围绕着地球运转，并且也以差不多的速度绕自己的轴心旋转。因此在地球上我们永远只能看到月球的其中一面，只有在太空船绕过月球后，才能看见月球的另一面。

月球的半径约为地球的1/4，质量则是地球的1/81，比地球小很多。月球上的重力也只有地球的1/6，所有物体在月球上都会感觉比较轻，也因此月球表面的液体与气体容易快速逸入太空而不容易留住。月球表面没有空气，也没有液态水，不适合生物居住。不过从月球表面的痕迹来看，月球很有可能曾经有水或冰晶存在。

中世纪时，人们普遍认为月球表面是光滑的，直到1609年伽利略用望远镜观察月球表面，才发现月球并不光滑，而且表面有许多环形山。那是因为月球表面没有大气层保护，受到来自太空中的小行星或彗星撞击后会形成陨石坑，在月球上直径大于1千米的陨石坑就有大约30万个，所以月球看起来坑坑洼洼的。

美国自1969年成功登陆月球，至1972年间多次登陆月球进行勘探。

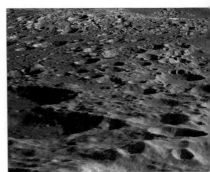

月球表面呈现出大大小小、凹凸不平的陨石坑。

筷子机械手

探月车工作时需要用机械手臂采集月球上的岩石标本，我们也用筷子做一个简单的机械手吧。

材料

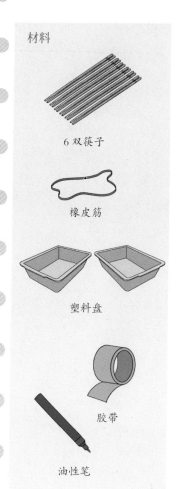

6双筷子

橡皮筋

塑料盘

胶带

油性笔

步骤

1 将4根筷子分成一组，每一组用橡皮筋固定绑在一起，总共分成3组。

2 把筷子每2根相互交叉分开。

3 再把它们交叉组合在一起，并用橡皮筋固定。把3组都组合在一起。

4 把2个塑料盘用油性笔依自己喜好涂上颜色，再把它们用胶带粘在筷子上，机械手就完成了。

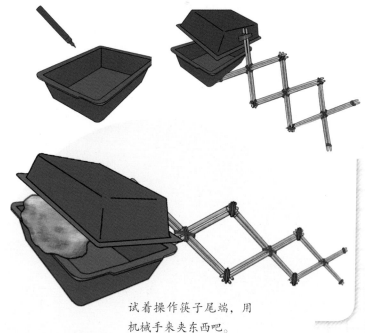

试着操作筷子尾端，用机械手来夹东西吧。